EL PRINCIPIO DE LOS

linces BEBÉS

KIM THOMPSON

CREATIVE EDUCATION • CREATIVE PAPERBACKS

CONT

ENIDO

SOY UN CACHORRO.

Soy un lince bebé.

Mi nombre en inglés se debe a mi cola corta y "recortada".

Nací en una guarida. Mi mamá tuvo tres cachorros a la vez.

Tomo la leche de mi mamá. Cuando ya tengo un mes, ella me trae presas frescas para comer.

Mi mamá me enseña a cazar roedores y aves. Salto alto. ¡Me lanzo! Mato de un solo mordisco.

Soy nocturno. Puedo ver en la oscuridad.

Tengo un año. Estoy listo para dejar a mi mamá. Viviré solo.

Creceré hasta ser el doble de grande que un gato doméstico.

HABLA Y ESCUCHA

GGH!

¿Puedes hablar como un cachorro? Los linces bebés maúllan y chillan.

Escucha estos sonidos:

https://www.youtube.com/watch?v=JHP60sKuClc

¡Ahora es tu turno!

PALABRAS DE LINCE

guarida: hogar de un lince en un árbol hueco o cueva

nocturno: despierto toda la noche

presa: animal que otros animales matan y comen

roedores: pequeños mamíferos con dientes que roen, como los ratones y las ardillas

ÍNDICE ALFABÉTICO

PUBLICADO POR CREATIVE EDUCATION Y CREATIVE PAPERBACKS
P.O. Box 227, Mankato, Minnesota 56002
Creative Education y Creative Paperbacks son sellos editoriales de The Creative Company
www.thecreativecompany.us

CATALOGING-IN-PUBLICATION DATA ESTÁ DISPONIBLE EN LIBRARY OF CONGRESS
LCCN: 2024053442
Library Binding ISBN: 9798889898511
Paperback ISBN: 9781682778913
eBook ISBN: 9798889899303

DISEÑO Y PRODUCCIÓN
Diseño por Rhea Magaro
Producción de Beeline Media and Design, Inc.
Dirección artística de Tom Morgan

FOTOGRAFÍAS de Alamy Stock Images/Don Johnston, 6-7, 7, Robert Pickett, 7; Dreamstime/Geoffrey Kuchera, 7, Holly Kuchera, 8, Jeff Wendorff, 9; Shutterstock/andamanec, 11, Bohbeh, 13, Danita Delimont, 10-11, Evelyn D. Harrison, 5, Holly Kuchera, 12, Ultrashock, portada, 4, 14

Impreso en los Estados Unidos de América